Sitzungsberichte
der Akademie der Wissenschaften
der DDR
Mathematik – Naturwissenschaften – Technik

1N
1978

Günter Tembrock

Bioakustik, Musik und Sprache

AKADEMIE-VERLAG · BERLIN

Sitzungsberichte
der Akademie der Wissenschaften
der DDR
Mathematik — Naturwissenschaften — Technik

Jahrgang 1978 · Nr. 1/N

Günter Tembrock

Bioakustik, Musik und Sprache

AKADEMIE-VERLAG · BERLIN
1978

Erweiterte Fassung des Vortrages von
Günter Tembrock, Korrespondierendes Akademiemitglied, gehalten in der wissenschaftlichen Sitzung des Plenums der Akademie der Wissenschaften der DDR am 14. April 1977

Herausgegeben im Auftrage
des Präsidenten der Akademie
der Wissenschaften der DDR
von Vizepräsident Prof. Dr. Heinrich Scheel

Erschienen im Akademie-Verlag, 108 Berlin, Leipziger Str. 3—4

Lizenznummer: 202 · 100/211/77
Gesamtherstellung: VEB Druckhaus Köthen
Bestellnummer: 762 611 5 (2010/78/1/N) · LSV 1375
Printed in GDR
DDR 2,50 M

1.

Der Begriff „Bioakustik“ fand erst in den fünfziger Jahren Eingang in die biologischen Wissenschaften, nachdem sich 1956 etwa 40 Forscher aus mehreren Staaten an der Staatsuniversität von Pennsylvanien zusammenfanden, um ihre Erfahrungen und Gedanken auszutauschen und ein „International Comittee on Biological Acoustics“ ins Leben riefen, eine Interessengemeinschaft mit dem Bestreben, die gemeinsamen Belange zu koordinieren und zentrale Archive und Austauschmöglichkeiten für die Veröffentlichungen und Tonaufnahmen zu schaffen. Wenn auch diese Einrichtung heute nicht mehr besteht, so begann zu diesem Zeitpunkt dennoch der internationale Durchbruch dieser Forschungsdisziplin. Sie empfing ihren entscheidenden Anstoß durch die seit den vierziger Jahren sich stark entwickelnde Technik der akustischen Aufzeichnung, die vor allem mit dem Tonbandverfahren, dessen Vorgeschichte bis ins vergangene Jahrhundert reicht, den Durchbruch brachte, der es zuließ, mit batteriebetriebenen Aufnahmegeräten auch unter natürlichen Bedingungen Tierstimmen aufzuzeichnen und der Laboranalyse zuzuführen. Dabei erwies sich die zur gleichen Zeit entwickelte sonagraphische Technik der Schallanalyse als ein Hilfsmittel von hohem Rang, das neben anderen Methoden der Frequenzanalyse und Pegelschreibung zu einem bis heute unentbehrlichen Verfahren bioakustischer Untersuchungen geworden ist. Durch diese in den letzten 20 Jahren wesentlich verbesserten Möglichkeiten der Tonaufzeichnung und -analyse war der Bioakustik endlich jener Vektor erschlossen, der die eigentlichen Schallereignisse umfaßt, während bis dahin vorwiegend die Strukturen und Funktionen der Schallerzeugung sowie des Schallempfanges und der nachfolgenden Analyse durch die entsprechenden Organe der Organismen untersucht wurden. Erst mit der Synthese des gesamten Übertragungsvorganges fand die Bioakustik ihr spezifisches von anderen biologischen Disziplinen deutlich abgegrenztes Aufgabengebiet. Als wesentliche Voraussetzung für die Aufnahme intensiver Forschungsaufgaben erwies sich dabei der Aufbau entsprechender Schallarchive. Wir selbst haben seit 1952 am jetzigen Bereich Verhaltenswissenschaften der Sektion Biologie der Humboldt-Universität Berlin das auf dem Kontinent wohl umfangreichste Archiv dieser Art aufgebaut, in das in den letzten Jahren auch die größte einschlägige mit großer Sorgfalt aufgebaute Privatsammlung an Tierstimmen in der DDR (Nachlaß Hugo Meyer) eingegliedert werden konnte.

Die unter diesen Gesichtspunkten sich entwickelnden bioakustischen Forschungen an den eigentlichen Schallereignissen zeigten im internationalen Maßstab zwei Schwerpunkte:

- vergleichende bioakustische Untersuchungen
- Untersuchungen mit speziellen Problemstellungen.

Im vergleichenden Kontext wurden nicht nur verschiedene Tiergruppen (besonders Insekten, Amphibien, Vögel und einige Säugetiere) in Hinblick auf ihre Lautäußerungen untersucht, sondern auch Probleme der Homologieforschung aufgegriffen, wobei unsere Arbeitsgruppe die erste war, die in einer konkreten Untersuchung an Lauten der Hundeartigen (Canidae) die bekannten Homologie-Kriterien auf ihre Anwendbarkeit hin überprüfte (Heydecke 1958). Die Homologieforschung hat einen speziellen Bezug zu der hier zur Diskussion stehenden Fragestellung, da sie den Versuchen neuen Auftrieb gab, nach Homologien zwischen Tier- und Menschenlauten zu suchen und damit die immer wieder gestellte Frage nach einer phylogenetischen Ableitung der Sprache unter Nutzung der Möglichkeiten der Schallanalyse neu aufzugreifen. Hierbei ergibt sich ein neuartiges Problem (vgl. Meissner 1976): Im klassischen Sinn können nur solche Lautäußerungen homolog sein, die auch mit homologen Organen erzeugt werden. So wäre eine Homologie in diesem Sinne zwischen den Lauten der Vögel und denen der Säugetiere nicht möglich, da Vögel einen eigenen Stimmapparat besitzen (die Syrinx). Im Verhaltensbereich wird jedoch gelegentlich von „Traditionshomologien" gesprochen: Die Übernahme einer Lautform eines Säugetieres oder des Menschen durch einen Vogel (Lautimitation) wäre in diesem Sinne zu interpretieren. Homologe Laute können demnach mit analogen Organen erzeugt werden. In diesem Fall gibt die Homologie keinen Hinweis auf eine stammesgeschichtliche Verwandtschaft, wohl aber auf eine besondere Form der Verhaltensbeziehung zwischen den Arten, die eine solche Traditionshomologie aufweisen. Phylogenetische Homologieforschung wäre in Hinblick auf die Lautäußerungen des Menschen jedoch nur im Primatenvergleich sinnvoll. Sie hat bislang kaum eindeutige Nachweise erbracht, speziell nicht im Zusammenhang mit den eigentlichen Phonemen im linguistischen Kontext, obwohl gewisse phonetische Eigenschaften (speziell von Labiallauten, Frikativen, Affrikaten und Verschlußlauten) mögliche Beziehungen andeuten, die noch weiter zu untersuchen wären. Eher scheint dieser Ansatz bei paralinguistischen (die Sprache begleitenden, z. B. den Füll-Lauten) oder vor allem auch extralinguistischen Lautäußerungen des Menschen, sowie solchen, die auf Grund von Ausfällen höherer Hirnzentren zustande kommen, noch Erfolg zu versprechen. Wir haben gute Gründe, bestimmte Formen des lauthaften Lachens bei *Homo*, dem Gorilla und dem Schimpansen homologisieren zu können (vgl. auch van Hooff 1971). Auch für die Laute in den ersten Lebenswochen scheint ein solcher Ansatz möglich (Tembrock 1975). Ob die außerordentliche Ähnlichkeit im Vibrato des

Menschen und bei Gibbons (*Hylobates lar*) auf Homologie beruht, kann gegenwärtig nicht entschieden werden. Abb. 1 versucht, einige Zusammenhänge beim Phonationsprozeß darzustellen.

Zu den speziellen Problemstellungen, die in den letzten Jahren von der Bioakustik bearbeitet wurden, gehören Fragen der Klassifikation von Lauten, die

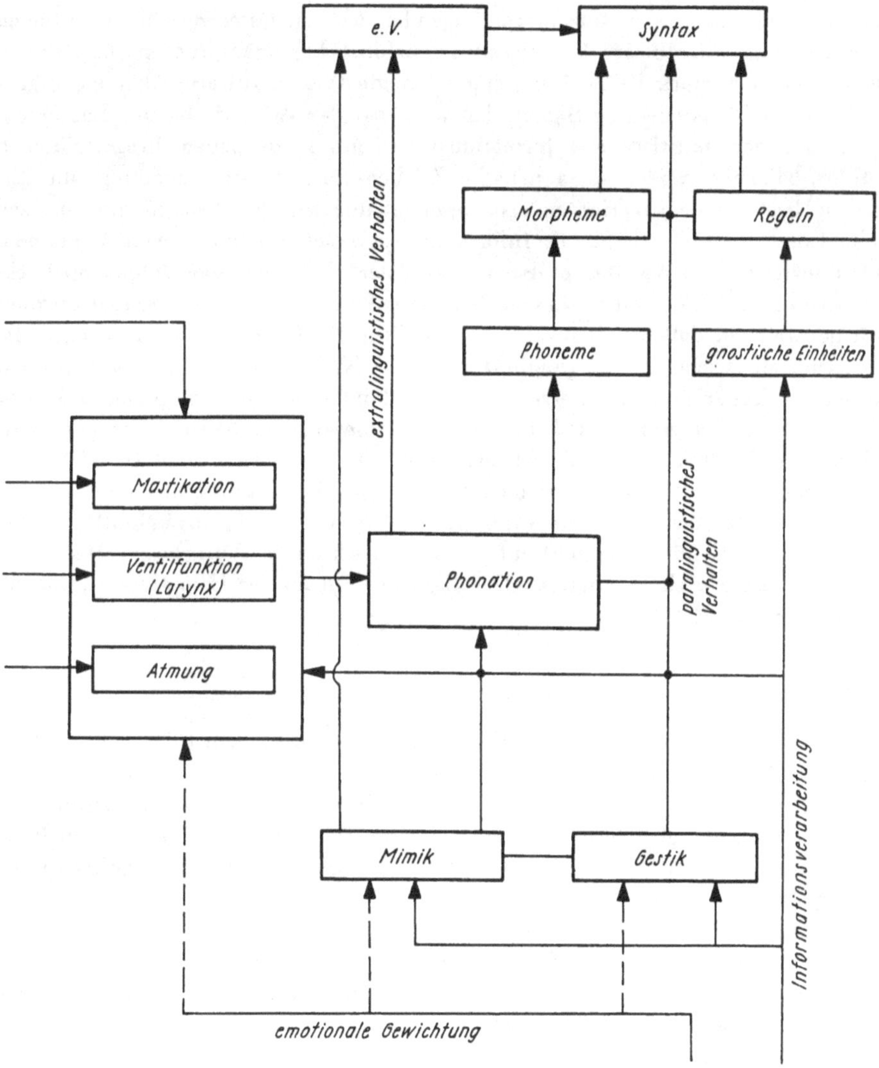

Abb. 1 Schematische Darstellung der Zusammenhänge der an der Phonation (bis zur Realisation einer Syntax) beteiligten Mechanismen und Prozesse beim Menschen (und bei Primaten)

Analyse von Zeitmustern bei Lautfolgen, die Erfassung syntaktischer Strukturen, die Entwicklung von Modellen für die Beschreibung komplexer Lautstrukturen, wie beispielsweise von Strophenfolgen (mit Strophen verschiedener Klassen), die Anwendung von Informationsmetriken, die Analyse der Ursache-Wirkungsbeziehungen, semantische Aspekte, die Bedeutung der Eigenschaften des Übertragungskanals, die Bedeutung der tierischen Laute als Evolutionsmechanismus, um nur wichtige Akzente zu setzen. Im folgenden werden unter der übergeordneten Fragestellung einige dieser Aspekte etwas ausführlicher angesprochen (Zusammenfassung bei Tembrock 1977). Der stetig steigende Wissenszuwachs über die Eigenschaften der bioakustischen Signale hat auch bei der Erforschung der Lauterzeugung und der akustischen Informationsverarbeitung zu neuen Fragestellungen geführt. Hierher gehört die akustische Zeichen- und Mustererkennung, die Erfassung bestimmter Invarianten als Voraussetzung für den Klassifikationsprozeß beim Empfänger, die damit als Informationsparameter definiert werden können. Invarianzleistungen des Rezeptors, wie etwa der Nachweis eines Intensitätsdetektors (Schröpel 1972) sind in diesem Zusammenhang von Interesse. Dabei zeichnet sich generell ab, daß bei den Wirbeltieren nicht die Intensität, sondern auch die Frequenz ein wichtiger Informationsparameter ist; schon bei Fischen kann ein „absolutes Gehör“ nachgewiesen werden, und man müßte vom Standpunkt der Phylogenie aus annehmen, daß diese Fähigkeit beim Menschen stammesgeschichtliches Erbe darstellt, das vielleicht zugunsten einer höheren Adaptationsfähigkeit an die zahlreichen Frequenzvariablen bei der Spracherkennung abgebaut worden ist. Dies könnte auch als Hinweis interpretiert werden, daß „Musikalität“ (oft mit dem absoluten Gehör gekoppelt) auf phylogenetisch ältere Wurzeln zurückgeht als die akustische Sprachdekodierung. Der Biologe neigt zu der Hypothese: „Singen“ ist älter als „Sprechen“.

2.

Wir wollen nunmehr versuchen, die drei hier angesprochenen Phänomene („Bioakustik“, „Musik“, „Sprache“) zu definieren:

a) Bioakustische Phänomene sind biogene Schallereignisse unter Einschluß der Sende- und Empfangsprozesse als Ergebnis einer natürlichen organismischen Evolution. Die Bioakustik als Wissenschaft untersucht diese Schallereignisse unter den Aspekten:
- Struktur und Funktion der Schallerzeugung
- Struktur und Funktion der Schallperzeption
- Biogener Schall als Information (Signalparameter, Syntax, Semantik, Pragmatik, Sigmatik, Ergomatik, Metrik)
- Veränderungen in der Zeit (individuell, supraindividuell = Entwicklungsaspekt).

(Sigmatik wird hier definiert als Beziehung zwischen Zeichen und Bezeichnetem, Ergomatik verwenden wir im Sinne Beziehung zwischen Zeichen und Bewirktem.)

b) Musikalische Phänomene sind vom Menschen erzeugte Schallereignisse im sozialen Kontext, ihre Besonderheit liegt in der Art der akustischen Übertragung, die bei aller Vielfalt der Intentionen, die der Erzeugung von Musik zugrunde liegen können, darauf angelegt ist, über die Schallereignisse („akustische Kanal-Kodierung") wirksam zu werden. Polyphonie und Syntax fördern die Strukturierung.

c) Sprache wird hier als ein System komplexer anthropogener, primär akustisch realisierbarer Zeichen im sozialen Kontext interpretiert. Die Strukturierung erfolgt vorwiegend im sequentiellen Bereich (Syntax), die Spezifik liegt hier in der Quellen-Codierung, daher ist eine Transponierung in andere Kanäle (visuell: Schrift, seit etwa 5000 Jahren) möglich, nicht nur im Dienst der Tradierung, sondern auch der Informationsübermittlung über Distanzen, die den Hörbereich prinzipiell überschreiten. Das Wesen der „Vergänglichkeit" akustischer Signale ist damit aufgehoben.

Diese Definitionen implizieren, daß die Begriffe „Musik" und „Sprache" nur in Verbindung mit Menschen anwendbar sind; das bedeutet im evolutiven Aspekt, daß sie den Gesetzmäßigkeiten unterworfen sein müssen, welche die Eigenentwicklung des Menschen (unter Einschluß unterschiedlicher Gesellschaftsformationen) bestimmt haben und noch immer bestimmen. Anders: Jede Frage nach der „Evolution" von Musik und Sprache ist immer auch eine Frage der Evolution des Menschen und kann nicht isoliert beantwortet werden. Dabei darf mit guten Gründen von der Hypothese ausgegangen werden, daß Sprache und Musik notwendige Konstituenten der menschlichen Existenz sind, womit der historische Aspekt eingeschlossen ist. Damit sind die Begriffe „Sprache" und „Musik" nur aus einer solchen Gesamtsicht heraus bestimmbar. Für die bioakustischen Phänomene wäre eine weitere Präzisierung des Gegenstandsbereiches erforderlich, um eine Aussage zu dem durch die hier gestellte Thematik vorgegebenen Zusammenhang zwischen den drei Phänomenen ableiten zu können. In Beziehung zu den soeben getroffenen Aussagen gilt, daß bioakustische Phänomene kein essentieller Bestandteil der organischen Evolution sind. Es gibt Tiere, die nicht „hören" können, es gibt zahlreiche Organismen, die keine Laute erzeugen, denen Signalfunktionen zugeschrieben werden können (es wird also von unvermeidbaren Begleitgeräuschen abgesehen). Bioakustische Phänomene sind das Ergebnis evolutiver Vorgänge und können diese auf verschiedenartige Weise beeinflussen. In vergleichsweise wenigen Fällen können sie tradiert werden und damit einem „geschichtsanalogen" Prozeß unterworfen sein, von manchen Biologen als „Präkultur" bezeichnet. Kawai (1975) definiert „präkulturelles Verhalten" so: „Eine Lebensweise, die zu einer Verhaltensweise wurde, die erworben, geteilt, sozial vererbt und unter den Mitgliedern derselben Gesellschaft fixiert wird". Es gibt bei Primaten einige Beispiele, für welche diese Definition zutreffend wäre. So hat Kawai bei Makaken Hinweise auf gruppenspezifische Rufsysteme gefunden.

Zur Präzisierung der bioakustischen Phänomene ist die Frage nach den Bedingungen, unter denen sie entstanden sind sowie den Prinzipien, Möglichkeiten und Grenzen ihrer Wirksamkeit vorrangig. Biogene Schallereignisse leiten sich ab aus

Begleitgeräuschen dynamischer Vorgänge im Bereich der Bewegung und des Stoffwechsels. Dabei gehört es zum Wesen der Evolution, daß hier zwei selektive Prozesse ansetzen: (a) Hemmung, (b) Förderung. Diese lassen sich auf die beiden Grundklassen der Bewertung verhaltensabhängiger Umgebungsereignisse zurückführen: Alle negativ bewerteten Umgebungsereignisse als Folge akustischer Phänomene wirken selektionierend in Richtung Hemmung, alle positiv bewerteten dagegen fördernd. Die tierischen Organismen setzen täglich ein Vielfaches an Energie in Bewegung um im Vergleich zu allen technischen Systemen des Menschen, und das zu über 90% geräuscharm oder doch für andere Organismen unhörbar.

Biogene Schallereignisse können (a) Epiphänomene biologischer Funktionen sein und (b) kommunikative Signale, in seltenen Fällen Signale mit anderen Funktionen als der Nachrichtenübertragung auf andere Organismen. Die Signalfunktion kann stammesgeschichtlich von den Begleitgeräuschen abgeleitet und daher als „Sekundärfunktion" interpretiert werden. Tiere als Empfänger biogener Schallereignisse nutzen diese (a) als nicht-kommunikative Signale, belegen sie also selbst mit Bedeutung, oder (b) als kommunikative Signale, empfangen sie als Adressaten mit der vom Sender vorgegebenen Bedeutungsbelegung. Darüber hinaus können biogene Schallereignisse als nichtinformationelle Eingangsgrößen auf den Empfänger einwirken, indem sie die Elemente der Informationsverarbeitung (Sinnesorgane, neuronale Netzwerke, Effektoren) in ihren Kennwerten systematisch verstellen. Damit wird das Übertragungsverhalten des Systems selbst verändert. Der Organismus kann an seine natürliche Umwelt so angepaßt sein, daß diese orts- und zeitabhängigen Einflüsse aus seiner Umwelt in die Verhaltensoptimierung mit eingehen. Als funktionelle Parameter kommen für die Evolution akustischer Signale in Betracht:

1. Im ökologischen Kontext (im engeren Sinne)
1.1. Raumansprüche (z. B. Orientierungslaute)
1.2. Stoffwechselansprüche (z. B. Beute-Locklaute, sehr selten)
1.3. Schutzansprüche (diffuge Laute = distanzvergrößernd, „Defensivlaute")
2. Im Populations-Kontext (Art-Population)
2.1. Territorialansprüche (Revieranzeige)
2.2. affine sexuelle Partneransprüche (selektive Distanzverminderung)
2.3. diffuge sexuelle Partneransprüche (selektive Distanzvergrößerung)
2.4. Pflegeansprüche (selektive Distanzverminderung)
2.5. Sozialansprüche (selektive Distanzregulation).

Der Empfänger biogener Schallereignisse kann diese informationell nutzen:

— zur Objekt-Identifizierung (z. B. Art, Größe, Geschlecht) auf Grund statischer Informationsparameter (morphologische Eigenschaften des Senders = konstitutionelle Merkmale)
— zur Verhaltensidentifizierung (Zeitfunktionen, räumliche Anordnungen in der Zeit, Verlaufskriterien)
— zur Zustandsidentifizierung (z. B. Motivation des Senders)

— zur Umgebungsidentifizierung mittels eines Senders (über Nachrichtenübertragung).

Diese vier Übertragungsklassen müssen sich in der Stammesgeschichte nacheinander entwickelt haben; in vielen Fällen sind nicht alle realisiert. Es hat schon zahlreiche Versuche gegeben, die Signale nach ihren „semiotischen Funktionen“ zu unterteilen. ABERCROMBIE (1967) und LAVER (1968) nennen Informationen über einen Sender im Anschluß an PEIROS indexical; ABERCROMBIE (1968) hat diese Signale in drei Klassen unterteilt:

— Indices, welche die Mitgliedschaft zu einer Gruppe anzeigen.
— Indices, die ein Individuum anzeigen,
— Indices, die wechselnde Zustände anzeigen.

LYONS (1972) schlägt eine etwas erweiterte Unterteilung vor:

— Deiktische Signale, welche die Aufmerksamkeit des Empfängers auf den Sender richten („hier bin ich“)
— Vocative Signale, welche die Aufmerksamkeit auf ein bestimmtes Objekt richten
— Nominative Signale, die durch einen Namen bezeichnen
— desiderative Signale, die den Wunsch nach einem Objekt anzeigen
— Instrumentelle Signale, die ein Tun veranlassen (Frage, Aufforderungen, Kommandos usw.).

Im ausschließlich biologischen Kontext bietet sich auch die Möglichkeit an, den evolutiven Prozeß noch stärker einzubeziehen. Dann ließen sich über die bereits charakterisierten Stufen kommunikativer Informationsprozesse im Anschluß an das allgemeine Organismus-Umwelt-Modell (Abb. 2) folgende Möglichkeiten unterscheiden:

— Signale, die sich innerhalb der Zeitschwellen der Sinnesorgane nicht verändern („stationäre Signale“) und länger bestehende Eigenschaften anzeigen (z. B. Artmerkmale in Habitus, Farbe, Muster, Geruch usw. oder entsprechende „Symbole“ für das Geschlecht)
— Signale, die sich innerhalb der Zeitschwellen der Rezeptoren verändern („dynamische Signale“)
    • Signale, die ein Verhalten anzeigen (Output-Vektor $\boldsymbol{Y}$ [s = f (y)]
    • Signale, die einen Zustand (Status) anzeigen (Zustands-Vektor $\boldsymbol{Z}$ [s = f (y|z)]
    • Signale, die Umgebungsereignisse anzeigen (Input-Vektor $\boldsymbol{X}$[s = f(y | z | x)]

Diese drei Klassen der dynamischen Signale lassen sich etwa gleichsetzen mit (a) Funktionsübertragung, (b) Zustandsübertragung und (c) Bedeutungsübertragung. Die beiden ersten Klassen sind dadurch gekennzeichnet (und darin liegt ihre evolutive Funktion), daß sie das Verhalten bzw. den Zustand (z. B. Motivation) von Tier A auf Tier B übertragen. Im dritten Fall dagegen wird die Bedeutung eines Umgebungsereignisse übertragen. Wie B darauf reagiert, hängt von ihm selbst ab. Der stammesgeschichtliche Fortschritt der Bedeutungsübertragung liegt über der Übertragung der Verhaltensentscheidung gegenüber einer Umweltsituation auf den Empfänger der Nachricht. Erst über die Bedeutungsübertragung entsteht für den Empfänger eine „sekundäre Umwelt“, die kommunikativ (über einen Sender) er-

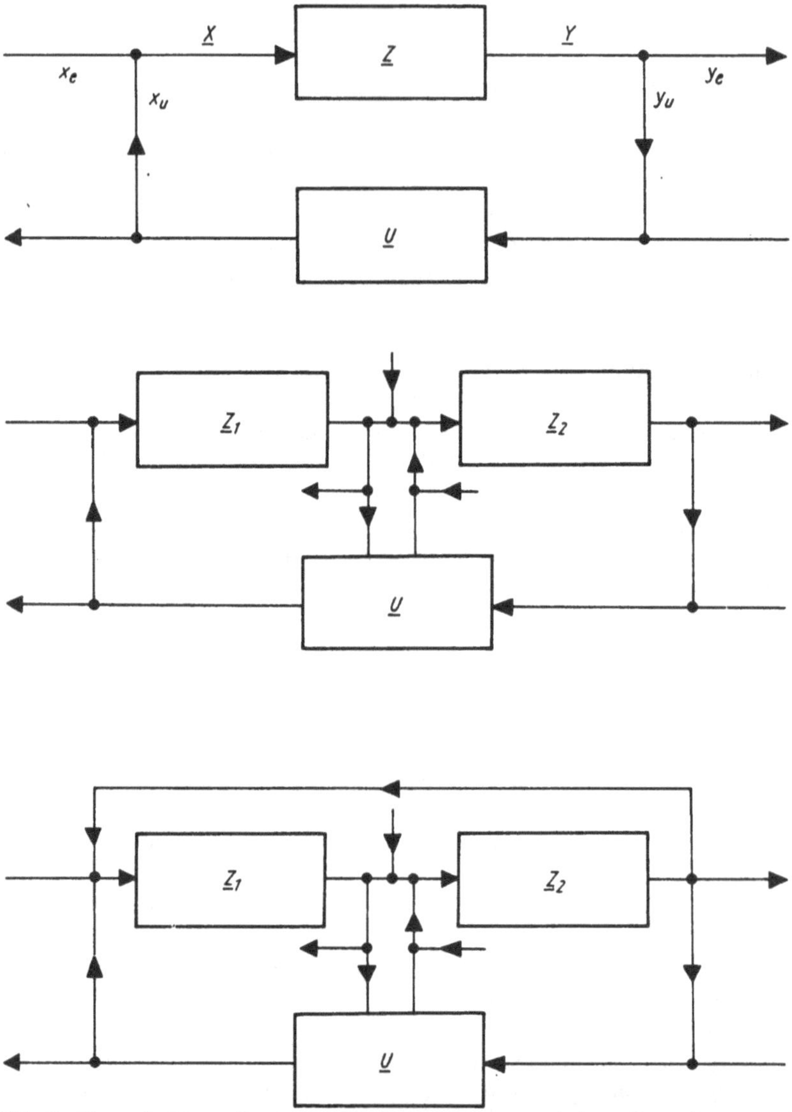

Abb. 2 Formale Darstellung des Zusammenhanges zwischen Organismus und Umwelt (auf der Grundlage eines Informationswechsels) mit Ableitung der informationellen Systemverknüpfung (Kommunikation) zwischen zwei Organismen (mit gleichem Alphabet) bis zur kommunikativen Rückkopplung (= bidirektionale Kommunikation). X = Input-Vektor mit x_u = relevante Umwelt und x_e = Randbedingungen; Z = Zustandsvektor (Motivation, Emotion usw.); Y = Output-Vektor mit y_u = relevantes Verhalten und y_e = irrelevantes (nicht auf die aktuelle Umwelt bezogenes) Verhalten. Kommunikation setzt eine gemeinsame relevante Umwelt voraus (oder stellt diese Koinzidenz her); da aber beide Organismen diese informationell getrennt abgreifen, wird sie nicht voll identisch sein; die bidirektionale Kommunikation schafft jedoch die Möglichkeit, die Koinzidenz zu erhöhen

fahren wird. Eine Kontrolle kann über eine „Parallelmasche“ möglich sein, indem der Empfänger selbst Information über die Quellen der vom Sender empfangenen Nachrichten einholt. Bei dem Aufbau einer Tradition wird dieses Prinzip eingeschränkt oder auch aufgehoben (Vergangenheit). Die Klassifikation der semiotischen Funktionen legt es daher nahe, bei den tierischen Organismen vier Klassen von Signalfunktionen abzuleiten:

- Signale 1. Ordnung: Identifizierung und Ortung des Senders, wobei die Ortung eine Richtungs- und eine Entferungskomponente einschließt
- Signale 2. Ordnung: Identifizierung des Verhaltens (Verhaltensanzeige); kann unterteilt sein in (a) orientierendes Verhalten, (b) orientiertes Verhalten (gegenüber einer Zielfunktion) und (c) Endhandlung (z. B. (a) Nahrungssuche, (b) Nahrungserwerb, (c) Nahrungsaufnahme)
- Signale 3. Ordnung: Identifizierung des Status (Statusanzeige), Anzeige der Motivation (z. B. Bereitschaft zur Nahrungssuche, zur Partnersuche, zur Ruhe, Erkundungs usw., emotionaler Status)
- Signale 4. Ordnung: Identifizierung von Umgebungsereignissen in der Umwelt des Senders (z. B. „Luftfeind“, „Territorium“).

Bei dem Einsatz akustischer Signale in diesem Zusammenhang, für den es für alle 4 Klassen Beispiele gibt, erweist sich die Rückkopplung mit dem Sender über den Übertragungsprozeß als ein wesentliches Element der Steuerung und Regulierung der Kommunikation. Der einfachste Fall ist die Wiederholung des empfangenen Signals durch den Empfänger als Kontrolle für die vollzogene Übertragung. Wir haben diese Zusammenhänge an Makaken (Rhesusaffen und verwandte Arten) untersucht (KLOTZ 1973). Bezeichnet man einen solchen Signalaustausch als „Dialog“, so lassen sich Dialoge verschiedenen Ordnungsgrades unterscheiden, wobei sich dieser Grad durch die Anzahl der eindeutigen Antworten bestimmen läßt: KLOTZ fand bei den im Tierpark-Berlin untersuchten Makaken zu 80% Dialoge 1. Ordnung (A→B→A), bei 15% Dialoge 2. Ordnung (A→B→A→B) und bei 40% Dialoge 3. Ordnung. Dabei traten zwischen nahe verwandten Arten nur Dialoge 1. Ordnung auf, alle höheren Dialogformen nur zwischen Angehörigen derselben Art. Einen Sonderfall stellen die sog. „Supraphonationen“ dar (TEMBROCK 1973), bei denen zwei (oder mehr) Individuen durch eine akustische Synchronisation überindividuelle Lautmuster bilden („Duos“ usw.), die häufig der Stabilisierung von Paaren und ihrer Abgrenzung gegenüber anderen Paaren dienen. Sie können aus gleichen oder verschiedenartigen Anteilen zusammengesetzt sein. Daraus leiten sich vielleicht die „Chöre“ ab, bei denen jedoch dann derselbe Lauttyp (bzw. dieselbe Lautfolge von mehreren Individuen (unisono) geäußert wird (z. B. Wölfe, Cyoten, Löwen), wobei das akustische Ergebnis gewöhnlich auf Grund der individuellen Unterschiede der Phonationen „polyphon“ wird sowie Zeitversetzungen zwischen den Individuen in Bezug auf Beginn und (entsprechend) Ende auftreten.

Will man die bioakustischen Phänomene in Beziehung setzen zu Musik und

[1] Das Maximum lag bei Dialogen 6. Ordnung (A→B→A→B→A→B→A→B)

Sprache, bedarf es bei der hier angestrebten Präzisierung der Bioakustik noch einiger ergänzender Betrachtungen. Sie betreffen einmal die grundsätzlichen Prinzipien der Lauterzeugung, zum anderen Fragen der Codierung. Für die Lauterzeugung wurde bereits festgestellt, daß sie sich aus Begleitgeräuschen ableitet. Daher kann eine generelle Zweiteilung vorgenommen werden:

1. Geräusche, die sich aus der Bewegung von Körperteilen sowie der Ortsveränderung ableiten (Somatomotorik). Sie lassen sich unterteilen in (a) Geräusche, die durch Reiben (Friktionen, Stridulationen) von Körperteilen aneinander hervorgehen (häufig bei Gliederfüßern, aber auch bei Wirbeltieren, hier durch Knochen oder Schuppen hervorgerufen), (b) Geräusche, die durch von der Muskulatur bewegte schwingende Membranen erzeugt werden (Schwimmblase bei Fischen durch „Trommelmuskel", Membranen der Körperwand bei manchen Zikaden) und (c) durch Kontaktgeräusche mit dem Substrat („Perkussionsmechanismen"); ein Sonderfall dieses Typus ist das Trommeln auf dem Eigenkörper mittels der Extremitäten (Gorilla, Schimpanse). Allen Schallereignissen ist gemeinsam, daß sie sich letztendlich von motorischen Mustern der Bewegung ableiten, sie haben prägnante Perioden und Zeitstrukturen. Selbst, wenn sie über längere Zeit erzeugt werden (z. B. Zikaden, Grillen, Heuschrecken), setzen sie sich doch aus periodischen Bewegungsabläufen zusammen. Die mechanischen Grundlagen dieser Erzeugung biogener Schallereignisse erzwingt fast immer eine starke Geräuschkomponente; die Zeitmuster stehen oft in ganzzahliger Beziehung zu anderen motorischen Zeitmustern des Körpers (z. B. der Gehbewegung oder dem Rhythmus des Flügelschlages bei Insekten).

2. Geräusche, die sich von vegetativen Vorgängen ableiten, hier speziell der Atmung, aber auch von Darm- oder Drüsengeräuschen (es gibt Hautdrüsen, die ihre Sekrete „explosiv" ausstoßen). Bei den Wirbeltieren wirkt nicht selten ein „Ansatzrohr" an der Phonation mit, aber auch dieser Bereich geht auf sog. viscerale Muskulatur zurück, die der Region des Kiemendarmes entstammt. Das gilt auch für die Kieferbewegungen (Kaubewegungen = Mastikation, vgl. Abb. 1). Die Generatoren für die Lauterzeugung liegen entsprechend dieser Ableitung in ganz anderen Hirngebieten als für somatomotorisch erzeugte Schallereignisse; so hängen Rachenenge und -weite (ursprünglich im Dienst der Nahrungsaufnahme gesteuert und geregelt) erheblich von vegetativen und emotionalen Zuständen ab (Schluckzentrum im Mittelhirn). Die elementare Steuerung der Kehlkopffunktionen liegt im verlängerten Mark. Damit ist zu erwarten, daß sich Schallereignisse, die auf der Grundlage der Somatomotorik entstehen, wesentlich von solchen unterscheiden, die von der Visceromotorik abzuleiten sind. Diese Differenzierung reicht bis zu den Musikinstrumenten des Menschen (manuell bediente Instrumente einerseits, Blasinstrumente andererseits), wobei jedoch speziell die Streichinstrumente in ihren akustischen Eigenschaften so angelegt sind, daß sie der menschlichen Stimme nahekommen, also Eigenschaften aufweisen, die typisch sind für extralinguistische Phonationen, die im weitesten Sinne als „Gesang" zusammengefaßt werden.

Die hier in großen Umrissen nachgezeichneten Prinzipien der organismischen

Lauterzeugung weisen bereits auf Probleme der Codierung hin, oder, allgemeiner gesprochen, auf Prinzipien der Bildung von Elementarlauten (Lautelementen) sowie die Regeln, nach denen sie zeitlich gereiht und geordnet werden (Syntax). In starker Vereinfachung kann die Aussage getroffen werden, daß die somatomotorisch erzeugten Schallereignisse als vorrangige Informationsparameter Intensitätsveränderungen in der Zeit und Intervalle unterschiedlicher Zeitdauer aufweisen. In Hinblick auf die Frequenz werden hier höchstens allgemeine Bereiche („hoch" — „tief") differenziert. Damit ist daran erinnert, daß die Eigenschaften der akustischen Informationsparameter (Signalparameter) in der Evolution durch die Prinzipien der informationsverarbeitenden Systeme wesentlich mitbestimmt werden; aber auch Übertragungseigenschaften des schalleitenden Mediums nehmen Einfluß. Bei den Wirbeltieren gewinnt zusätzlich die Frequenz an Bedeutung als Signalparameter: Elritzen können zwei Tonhöhen mit einem Frequenzunterschied von nur 3% unterscheiden, im optimalen Hörbereich sogar 0,3—0,4%. Ähnliches leistet eine Schleiereule. Dies wurde über Dressuren geprüft. Aber auch bei den Wirbeltieren sind Rhythmen und Zeitmuster ein wichtiges Mittel der Informationscodierung, weil bei längeren Übertragungswegen nicht so störanfällig wie Intensitäts- und Frequenzänderungen. Bezeichnen wir die Zeitdauer zwischen zwei phasengleichen Zuständen (z. B. Lautanfang bis zum nächsten Lautanfang in einer Sequenz) als Periodendauer und die dazu gehörende Schwingungsfrequenz als „Periodenzahl", lassen sich nach unseren Untersuchungen folgende Feststellungen treffen: Es besteht ein Zusammenhang zwischen Periodenzahl und innerer Bereitschaft zur Erzeugung einer Lautsequenz. Erregung und Periodenzahl sind positiv korreliert. Dabei können kontinuierliche Änderungen der Periodenzahl emotionale Zustandsänderungen anzeigen (typisch für Wirbeltiere in Verbindung mit den hohen vegetativen Anteilen an der Phonation). Im Verlauf der Stammesgeschichte entwickelten sich typische Intensitäten, bildeten sich also Klassen von Periodenzahlen heraus, die dann nur alternativ auftreten. Sie sind fast stets auch mit einer Veränderung des Lauttyps verbunden: Jede Lautklasse wird mit einer typischen Periodenzahl geäußert (Abb. 3). Einschwing- und Ausschwingphasen, die für solche Lautsequenzen kennzeichnend sind, die nur mit einem höheren Energieaufwand realisiert werden, können informationell genutzt werden. Zeitmuster, die in starkem Maße von emotionalen Zuständen beeinflußt werden, zeigen einen erhöhten Variationskoeffizienten und ein geringeres Bestimmtheitsmaß als solche, die stärker motivationell determiniert sind. Nicht selten zeigen die Lautelemente konstante Eigenschaften, werden aber die Intervalle im Zeitverlauf gesetzmäßig verändert (Abb. 4).

Für eine systematische Aufklärung derartiger Zusammenhänge ist eine metrische Erfassung der Schallereignisse unerläßlich. Betrachtet man ausschließlich den sequentiellen Aspekt (der in der organismischen akustischen Kommunikation in vielen Fällen vorrangig die Informationsparameter liefert), dann lassen sich zwei Grundstrukturen unterscheiden:

- komplizierte Strukturen: Eine Elementklasse mit einer wechselnden Zeitbeziehung zwischen den einzelnen Elementarereignissen (Zeitmuster)

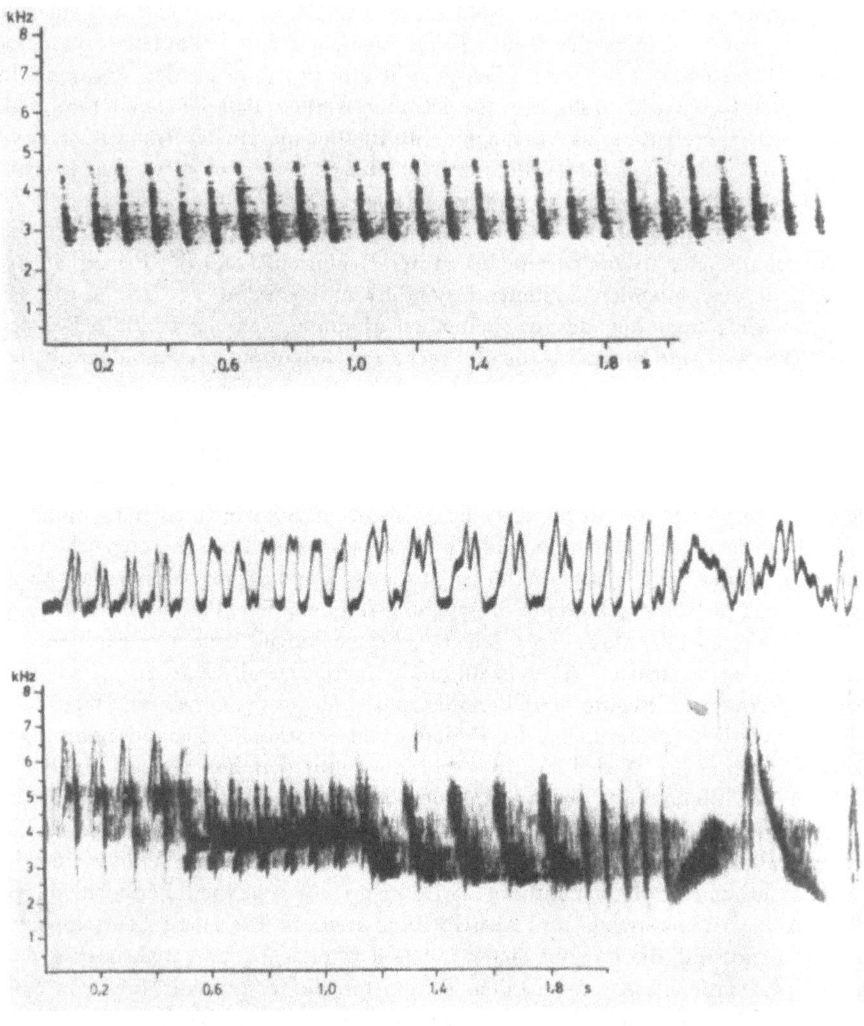

Abb. 3 Sonagramme einer Strophe aus dem Gesang von zwei verschiedenen Männchen des Buchfinks *(Fringilla coelebs)*; im oberen Beispiel ist in der entsprechenden sensiblen Periode (optimale Phase) der zur Ausformung der arttypischen Strophenstruktur erforderliche obligatorische Lernvorgang unterblieben. Im unteren Beispiel über dem Sonagramm die Pegelschreibung. Die Struktur läßt sich wie folgt kennzeichnen: a, a, a, a; b, b, b, b, b, b, b, c, c, c, c, c; d, d, d, d, d; e; f. Jeder Lauttyp hat eine spezifische Folgeperiodik (Periodenzahl). Der Lauttyp e besteht aus drei Segmenten (der sog. „Überschlag“). In Zeitmuster und Periodenzahl entspricht das monotone Grundmuster des oberen Männchens (im Freiland aufgenommen = „Pseudo-Kaspar-Hauser“, entweder kein Vorbild gehört oder taub) dem Lauttyp b der „Normal-Strophe“ (aus Tembrock 1977)

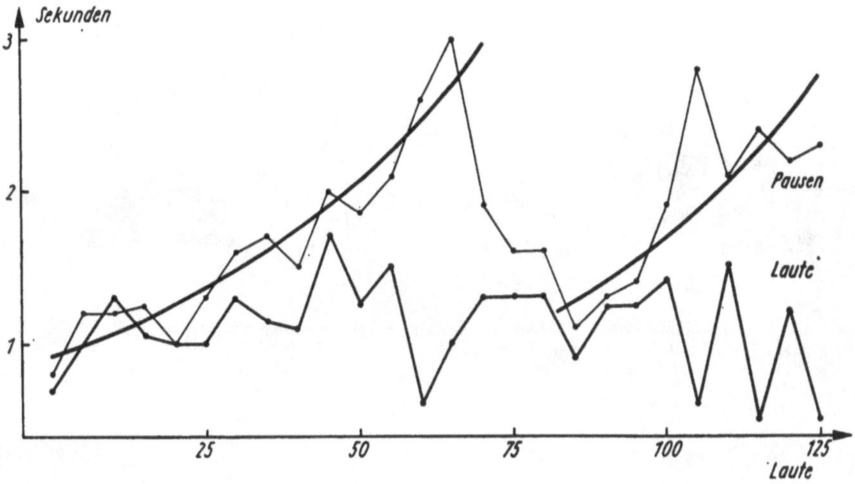

Abb. 4 Lange Rufreihe eines Orang-Utan-Männchens. Während die Lautlängen im Verlauf der Reihe um einen konstanten Wert schwanken, zeigen die Pausenlängen einen mit der internen Bereitschaft korrelierten Verlauf, wobei das Abklingen der Bereitschaft mit einer Zunahme der Pausenlänge positiv korreliert ist; der Prozeß verläuft hier zweiphasig, das Abklingen jedoch im Prinzip gleich. Bei einer exponentiellen Kurvenangleichung sind die b-Werte (mit 0,02) für beide Kurven identisch, jedoch beträgt r^2 in der ersten Kurve 0,88, in der zweiten nur noch 0,67; der Unterschied zwischen den Bestimmtheitsmaßen ist mit $t = 2{,}74$ ($\alpha = 0{,}01$) signifikant. (Nach Daten von P. Hallmann, Dipl.-Arbeit, Humboldt-Univ. Berlin 1976).

— komplexe Strukturen: Aus mehr als einer Klasse von Elementen bestehend, so daß die Anzahl der möglichen Strukturen den Grad der Komplexität bestimmt; ein Satz von Regeln oder Verknüpfungsvorschriften kann im Einzelfall die Verbindung der Elemente untereinander, also ihre Abfolge festlegen.

Hierfür kann als mögliches Strukturmaß eingesetzt werden:

$$S = \frac{1}{2} \cdot \left[\frac{\overset{k}{\Sigma} \left| AB_i - {}^{E}AB_i \right|}{K \cdot (K-1)} + \frac{K}{N} \right] \text{ mit } {}^{E}AB = \frac{A \cdot B}{(N-A)}$$

Eine Reihung von Wiederholungen des gleichen Typs (vgl. Abb. 3) liefert dabei ein hohes Strukturmaß; andererseits steht in der akustischen Kommunikation die „Monotonieschwelle“ der Wiederholung eines Lauttyps entgegen. Daher kann es auch sinnvoll sein, die Frage nach der Anzahl der Typen und ihrem internen Wechsel zu stellen. Wir nennen Lautfolgen, die nur einen Lauttyp wiederholen „homotyp“ (Tembrock 1960), solche die mehr als eine Lautklasse aufweisen, „heterotyp“. Der folgende Ausdruck gestattet, den „Heterotypie-Koeffizienten“ zu berechnen:

$$H = 1 - \left[\frac{1}{K} - \frac{1}{N} + \left(\frac{1}{N-K} , \frac{\Sigma}{K} W_i \right) \right]$$

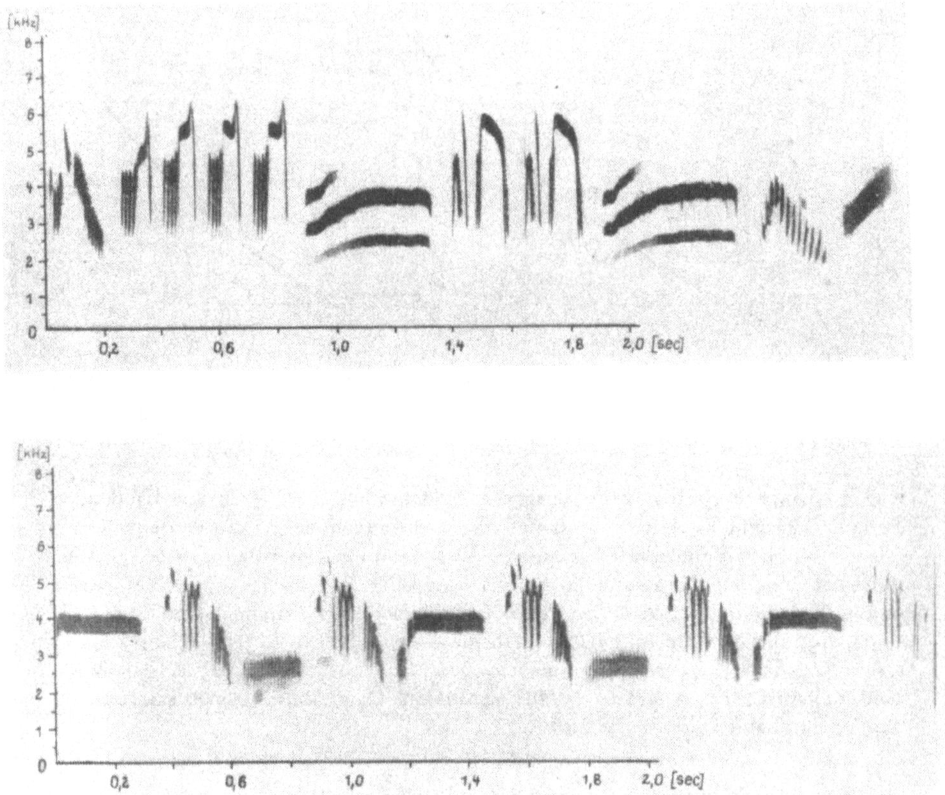

Abb. 5 Sonagramme von Ausschnitten aus dem Gesang von zwei verschiedenen Männchen der Feldlerche *(Alauda arvensis)*, die in hohem Grade die Tendenz zum Einbau von Motiven anderer Vögel zeigen. Im oberen Beispiel kann die Sequenz wie folgt symbolisiert werden: a; b, b, b, b,; c; d; e; d; e; c; f; g. Unten a; b; c; b; a; c; b; a. Bei Anwendung der im Text aufgeführten Strukturmaße ergeben sich folgende Werte: oben: H = 0,43, S= 0,4611. Unten: H = 0,78; S = 0,4595. Das besagt, daß im oberen Beispiel deutlich mehr Wiederholungen enthalten sind (das Maß für die „Heterotypie" ist niedriger), daß aber beide trotz der unterschiedlichen Wiederholungsrate fast genau die gleiche Struktur aufweisen. Das erlaubt (die noch zu prüfende) Hypothese, daß einem Artgesang, auch wenn Imitationen eingebaut werden, eine vorgegebene Struktur (Regeln der Syntax) zugrunde liegt.

mit K = Anzahl der Typen, N= Anzahl der Elemente, W_i = Wiederholungen von Elementen eines Typs.

Mit diesen und ähnlichen Maßen (z. B. Informationsmetrik) beschreibbare Strukturen können als Funktionen des inneren Zustandes und/oder der Eingangsreize, die auf den Organismus einwirken, aufgefaßt werden. Unterteilt man die Eingangsreize in relevante (x_r) und irrelevante (x_i), dann können die Zusammenhänge wie folgt ausgedrückt werden:

1 $y_r = f(\boldsymbol{Z})$ y_r = Laute, Lautsequenzen, $\boldsymbol{Z}$ = Zustandsvektor (z. B. Emotion, Motivation, mehrere Klassen)

2. $y_r = f(\boldsymbol{Z}; x_r)$

3. $y_r = f(\boldsymbol{Z}; x_r; x_i)$

Alle Optimierungsprozesse laufen über den Vektor $\boldsymbol{Z}$; in ihm vollzieht sich die Bewertung der Umgebungsereignisse, wobei die beiden elementaren Bewertungsklassen (die aber in sich skaliert sein können) in den Verhaltenswissenschaften als Appetenz („ja" = +) und Aversion („nein" = −) bezeichnet werden. Über diese Bewertung verläuft auch die Evolutionsstrategie, wobei wahrscheinlich biodynamische Prinzipien (inneres und äußeres Gleichgewicht) als Kriterien den Vorrang haben. Den dadurch erzeugten inneren Zustand des Organismus nennen wir in Hinblick auf sein raum-zeitliches Verhalten gegenüber der aktuellen (relevanten) Umweltbedingung „affin" = distanzvermindernd und „diffug" = distanzvergrößernd; eine dritte Möglichkeit, die im sozialen Kontext im Rahmen der Distanzregulation eine hohe Bedeutung hat, wäre als „stationär" = distanzerhaltend zu bezeichnen. Es gibt gute Gründe zu der Annahme, daß in der Evolution zunächst Lautsignale entstanden, die nur diese Elementarfunktionen hatten; erst schrittweise wurden sie unter den oben bereits ausgeführten Kautelen qualitativ weiter ausgebaut. Dabei ist auch für das zentrale Anliegen dieser Ausführungen noch ein Zeitaspekt zu berücksichtigen. Für die Verursachung akustischer Signale sind folgende Möglichkeiten gegeben, entsprechend den oben dargestellten Zusammenhängen:

a) X→Z→Y = erzwungenes Zustandsverhalten: Der innere Zustand, der zur Lauäußerung (Y) führt, wurde durch Reize (Signale) ausgelöst: Releaser-Prozess

b) Z→Y = Freies Zustandsverhalten, der innere Zustand organisiert sich selbst (z. B. durch hormonale Releaser): Primer-Prozess

c) X→Z
   |
   Z→Y = Integriertes Zustandsverhalten (Kombination beider Prinzipien unter Mitwirkung interner Speicher).

Für die Empfängerseite lassen sich die beiden prinzipiellen Wirkungsklassen des Signalempfanges unterscheiden:

– Releaser-Effekt (X→Z→Y) = Verhaltensänderung
– Primer-Effekt (X→Z) = Zustandsänderung

Primer-Effekte sind dadurch gekennzeichnet, daß sich die Einstellung (Bewertung) gegenüber anderen Reizen als denen, die sie bewirken, ändert. Ein Taubenweibchen, für das im Käfig herumliegende Nistmaterialien keinen Reiz darstellen, kann seine Einstellung ändern, nachdem einige Zeit Balzlaute eines Taubers über Lautsprecher angeboten wurden: Es beginnt ein Nest zu bauen. Entscheidend ist daher für die Differenzierung dieser beiden grundsätzlichen Wirkungsprinzipien nicht allein der Zeitfaktor (Releaser-Effekte bewirken sofort nach der Umsetzung im Organismus ein Verhalten), sondern auch die Bewertung bestimmter anderer Umgebungsereignisse oder -reize beim Primer-Effekt.

Verhaltensereignisse im Releaser-Bereich (auslösend) optimieren auf eine Minimierung der Zeitdauer zwischen Ursache und Wirkung, Verhaltensereignisse im Primer-Bereich dagegen erfordern einen höheren Zeitaufwand (für die Umstimmung des Empfängers). Dieser kann in der Kanal-Kodierung durch Lang- und Dehnungslaute Laut-Länge = 0,5 bis 1,0 s, Dehnungslaute > 1,0 s) gefördert werden, oder aber durch Wiederholungen (= „Pluralisierung"), die auch den zugrundeliegenden physiologischen Ereignissen mehr entsprechen. Periodisierung ist daher der Elementarvorgang bei der Bildung von Sequenzen, Strukturierung ein späterer Schritt. Dabei können die Funktionen orientiert sein (a) auf eine Synchronisation motorischer Perioden (Output-Vektor), entsprechend der Übertragung eines motorischen Status und (b) auf eine Synchronisation interner Perioden (Zustandsvektor) als Voraussetzung für eine Zustandsänderung. Ein weiterer wesentlicher Faktor für die Zeitdehnung bei der Abgabe akustischer Signale liegt in der Zielfunktion, einen kommunikativen Kontext neu zu errichten, also in das Distanzfeld hineinzuwirken. Das gilt vor allem für die zahlreichen im Kontext des Sexualverhaltens entwickelten akustischen Signale, die der Partner-Anlockung dienen, wobei gleichzeitig das Prinzip der Primer-Effekte geltend wird, da diese Anlockung auch mit einer „Umstimmung" verbunden ist. Sie wird an ihrer geschlechtsspezifischen Ausformung relativ leicht erkennbar.

3.

Wir haben im zweiten Abschnitt versucht, einige Aspekte der Bioakustik soweit zu präzisieren, daß wir nunmehr die Grundfrage, die hier gestellt ist, wieder aufgreifen können. Alle Überlegungen in diesem Zusammenhang betreffen zwei Teilfragen:

1. Die Kommunikation zwischen Organismen im Sinn einer vom Sender gesteuerten Informationsübertragung
2. Schallereignisse im Kontext der Organismus-Umwelt-Beziehungen.

Nicht jedes Schallereignis dient der Kommunikation, und die Nachrichtenübertragung kann sich verschiedener Kanäle bedienen. Bei Tieren sind die akustischen Signale zur Teilfunktion im Gesamtprozeß der Kommunikation, bei der vielfach andere Kanäle (chemische, optische, taktil-mechanische, elektrische Signale) eingesetzt werden, nicht selten auch multimodale Informationsübertragung wirksam werden kann. Wir erleben bei Attrappenversuchen mit akustischen Signalen nicht selten, daß die betreffenden Tiere erst dann reagieren, wenn ihnen gleichzeitig visuelle Informationen über den Sender angeboten werden; das gilt besonders für Arten, deren Lebensraum eine gute Sicht zuläßt. Stopa (1975) weist darauf hin, daß blinde Buschmänner sich sprachlich nicht mehr eindeutig verständigen können, weil bestimmte Phoneme erst im Kontext mit speziellen mimischen Elementen interpretierbar sind. Tatsächlich hat die bei Primaten stark entwickelten Gesichtsmimik einen hohen Anteil an der Kommunikation, obwohl die Untersuchungen von Fossey (1972) und von Marler (1976) an Gorillas und Schimpansen eindeutig nachweisen, daß das Lautrepertoire bei den einzelnen Individuen in Abhängigkeit von Geschlecht, Alter und sozialer Rolle unterschiedlich eingesetzt wird (beim Gorilla 15, beim Schimpansen 14 verschiedene Lauttypen).

Betrachtet man das Kommunikationsphänomen insgesamt, so scheint die Unterscheidung von drei Kommunikationsfeldern sinnvoll:

1. Das Kontaktfeld; zwischen Sender und Empfänger besteht physischer Kontakt; treten in diesem Kontext akustische Signale auf, so sind sie überwiegend durch eine hohe Periodenzahl gekennzeichnet (das „Schnurren" der Katze oder das Summen saugender Bären, eine schnelle Folge von Einzellautpulsen)

2. Das Nahfeld; zwischen Sender und Empfänger besteht ein permanenter informationeller Zusammenhang (konstitutionelle sowie die Bewegung begleitende Merkmale, z. B. Geräusche); der kommunikative Übertragungsweg ist daher sofort nutzbar. Im akustischen Kanal können Tätigkeitsgeräusche, aber auch ungerichtete Lautäußerungen (ohne Adressaten) diesen permanenten informationellen Zusammenhang fördern („Stimmfühlungslaute")

3. Das Distanzfeld; es besteht kein informationeller Zusammenhang zwischen den Individuen, er kann erst durch entsprechende Signale („Rufe") hergestellt werden. Hier haben die Lautäußerungen eine besondere Bedeutung. Wir konnten experimentell nachweisen, daß bei Unterbrechung des Sichtkontaktes die Lautmuster (in ihren Informationsparametern) signifikant verändert werden (Oehler 1973). In das Distanzfeld gerichtete Schallereignisse können dazu dienen, Adressaten in das Nahfeld zu holen (affine Laute) oder potentielle Empfänger im Distanzfeld zu halten, etwa bei der Territorialanzeige.

Die Schallereignisse sind jeweils diesen drei großen Kommunikationsfeldern angepaßt, wobei (sehr verallgemeinert) gilt, daß die Periodenzahl von Lautsequenzen negativ mit der Entfernung korreliert ist. In den Distanzfeld-Kontext gehören im wesentlichen alle tierischen Lautäußerungen, die als Gesänge bezeichnet werden; sie sind eine Strophenfolge, die nach bestimmten Regeln erzeugt wird. Sie haben eine Hauptfunktion in der „Selbstdarstellung" des Individuums, das sich vielfach als solches gegenüber den in das Territorium gehörenden Individuen (z. B. dem Weibchen) als auch gegenüber den „Nachbarn" anzeigt. Damit stabilisiert sich eine Population, und jeder Fremde wird sofort als solcher erkannt. Die Unverwechselbarkeit des Individuums kann durch individuelle Lernprozesse (Lautimitation) noch erhöht werden; daher sind generell Lernvorgänge eingebaut, es entstehen auch Regiolekte. Die komplexen Strukturen der Vogel- und Gibbongesänge sind unter diesen Gesichtspunkten zu betrachten, wobei zusätzlich noch der Primer-Effekt auf den Sexualpartner zu berücksichtigen ist. Das bedeutet: In diesen komplexen Mustern, die in der Informationsmetrik hohe Werte erreichen können, sind nur ganz wenige „Elementaraussagen" enthalten (Art, Geschlecht, Individuum und motivationaler Status mit einer hohen emotionalen Komponente = Gewichtung). Dieser Sektor der Lautäußerungen enthält „wenige Aussagen, aber mit viel Gefühl“. Er empfängt jedoch in seinem „Aktivierungsniveau“ einen wesentlichen Anstoß aus den Schallereignissen, die als „Randbedingungen“ das Lautmilieu liefern (also nicht von Artgenossen stammen). Die stimulierende Wirkung ist bekannt; selbst Gespräche im Zimmer oder das Klappern einer Schreibmaschine kann Käfig-Vögel zum Singen veranlassen. Für jeden Organismus gibt es eine natürliche Geräuschkulisse, auf die er stammesgeschichtlich angepaßt ist, und die für sein Aktivierungsniveau erforderlich ist. Auf dieser Strecke nähern wir uns dem Phänomen „Musik“. Ein Element für eine Hypothese zur Evolution musikalischer Aktionen (und Reaktionen) beim Menschen könnte in dem Sachverhalt vermutet werden, daß die zunehmende Einschränkung der ökologisch determinierten akustischen Randbedingungen die Tendenz zur Eigenbestätigung im akustischen Bereich gefördert haben könnte, die „Stimmungen“ wieder (im sozialen Kontext) zu erzeugen, die für bestimmte Verhaltensweisen oder Handlungen erforderlich sind. Dabei behalten drei in der Biokommunikation dominierende Prinzipien der Übertragung emotional besetzter Zustandsformen ihre Gültigkeit: (a) kontinuierliche Lautdehnung, (b) Wiederholung und (c) kontinuierliche Intensitätsveränderung (Crescendo — Decrescendo).

Im Nahfeld wäre in diesem Kontext das Phänomen der Funktionsübertragung zusätzlich von Bedeutung. Es sind vor allem Periodisierungen, die motorische Abläufe, aber auch vegetative Funktionen synchronisieren; die moderne Musiktherapie nutzt dies: Durch ein immer schneller werdendes Metronom kann die Pulsfrequenz des Menschen von 90/min auf bis zu 130/min angetrieben werden (Harner 1975). Puls- und Atemfrequenz gehen mit der Temposteigerung einer Musik weitgehend konform. Auch Intensitätsänderungen (etwa bei einem Trommelwirbel) sind positiv mit der Pulsfrequenz korreliert. Hier sind wir, nach den oben ausgeführten Darlegungen, im Vektor „nicht-informationeller“ Umgebungseinwirkungen, die das System selbst verstellen, und damit „innere Randbedingungen“ schaffen. Diese Wirkungen betreffen zwar im allgemeinen ausschließlich interne Zustandsparameter, haben aber gleichwohl Releaser-Charakter; sie lösen diese Zustandsänderungen unmittelbar aus. Es können auch Langzeitwirkungen als Folge wiederholter Releaser-Effekte der hier genannten Art auftreten (also Primer-Effekte mit veränderlichen Bewertungen gegenüber bestimmten Umweltfaktoren). Interessant sind in diesem Zusammenhang die Untersuchungen von Kroodsma (1976) an Kanarienvögeln. Hier konnte eine von der „Qualität“ (Strukturiertheit) über Band eingespielter Männchengesänge abhängige Wirkung (Primer-Effekt) nachgewiesen werden: Wiedergabe reicher ausgestalteter Gesänge beschleunigte den Nestbau der Weibchen signifikant stärker (und erhöhte auch die Anzahl der Eier) als das Angebot einfacher Strophen. Damit wäre auch ein Hinweis auf die (gleichsam „nach oben“ offene) Förderung einer zunehmenden Ausgestaltung der Vogelgesänge (ev. auch durch Lautimitationen) gegeben. Unter Anwendung der oben genannten Strukturmaße scheint hier die Aussage zulässig: Der akustische Primer-Effekt ist mit dem Heterotypie-Koeffizienten positiv korreliert.

Für die vergleichende Betrachtung in bezug auf das Phänomen „Musik" sind die Vögel wiederholt herangezogen worden; man muß aber davon ausgehen, daß die erörterten akustischen Leistungen nur „musik-analoge" Elemente enthalten können. Hierher gehört die Fähigkeit bei Lautimitationen, bestimmte harmonische Intervalle zu bevorzugen und eine Sequenz über längere Zeit fest im Gedächtnis zu behalten (Abb. 6). Für die Bevorzugung bestimmter tonaler Beziehungen deu-

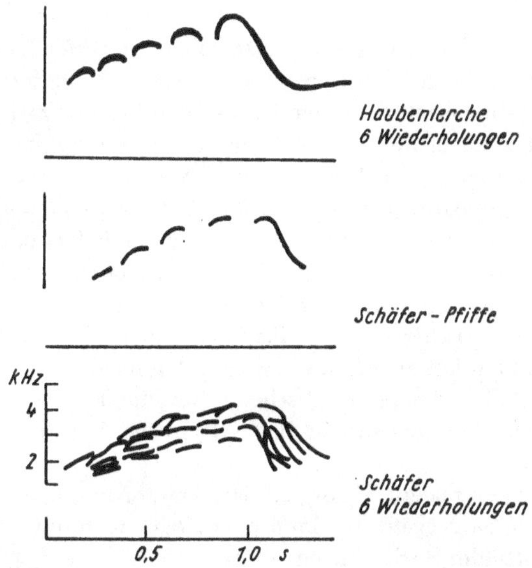

Abb. 6 Mitte: Typische Pfeif-Folge eines Schäfers (Schäfer-Pfiff); oben: sechs Wiederholungen durch eine Haubenlerche (übereinander gezeichnet); unten: sechs Wiederholungen durch denselben Schäfer (umgezeichnet nach TRETZEL)

ten sich aber auch bei den Säugetieren hörphysiologische Grundlagen an. So konnten KEIDEL und Mitarbeiter (Zusammenfassung bei KEIDEL 1975) bei der Katze im Bereich des Thalamus Zellen nachweisen, deren Erregungsniveau nur bei bestimmten Frequenzen ein sich scharf abhebendes Maximum erreicht, wobei diese Frequenzen im Verhältnis von 1 : 2 und 1 : 3 stehen. Da im Thalamus auch Hirnstrukturen liegen, die emotionale Zustände mitbestimmen, wird hier ein Zusammenhang zwischen der mit harmonischen Klängen verbundenen positiven Grundstimmung vermutet („Freude an der musikalischen Harmonie"). Viele verhaltensrelevante Rhythmen im Organismus weisen untereinander ähnliche Beziehungen auf; hier könnte ein bestimmte Zustandsformen stabilisierendes Prinzip vermutet werden. Selbst, wenn man eingesteht, daß solche Überlegungen einen stark spekulativen Charakter tragen, bleibt der Hinweis, daß für das Verständnis der Evolution des Phänomens „Musik" auf der biologischen Seite der Zusammenhang mit der Verhaltenssteuerung und -regelung, unter Einschluß der internen Zustandsformen, in die Kausalanalysen einzubeziehen ist. Hinzu kommt, daß bei den Säugetieren die von der Atmung abzuleitenden Schallereignisse durch ihre enge Verknüpfung mit vegetativen Vorgängen besonders angepaßt sind, emotionale Zustandsformen anzuzeigen. Das kann auf Grund der dabei zu fordernden Parameter vor allem über eine verstärkte Modulationsfähigkeit wahrscheinlich gemacht werden. Gerade bei den Primaten sind viele Lautformen durch Modulation einiger weniger Grundtypen entstanden (Tembrock 1974). Wir sprechen daher von Modulationslauten.

In einer kürzlich veröffentlichten Studie über die Vokalisationen bei Brüllaffen (J. D. und J. I. Baldwin 1976) werden die 26 „Lauttypen" auf 5 oder 6 Grundformen zurückgeführt, innerhalb derer die einzelnen Typen kontinuierlich durch Zwischenformen ineinander übergehen können. Modulationslaute können im Nahfeld aber auch die Bildung bestimmter Phoneme gefördert haben, wie das Marler (1976) für die „Begrüßungslaute" (ein Grunzen) bei Gorillas und Schimpansen vermutet. Hier klingt der Sprachaspekt an. Für die akustischen Signale liefert unter diesen Bedingungen der (bio-)soziale Rahmen die „Bewertungsmatrix", die Richtung und Tempo der Evolution bestimmt. Dabei ist die Frage nach dem Anteil von Lernvorgängen beim Aufbau akustischer Kommunikations-Systeme unerläßlich. Unter biologischen Gesichtspunkten lassen sich drei Stufen unterscheiden:

1. Aufbau des Lautrepertoires auf Grund einer genetischen Determination (beim Schlüpfen experimentell ertaubte Hühner entwickeln das arttypische Lautspektrum)

2. In einer zeitlich festgelegten (optimalen) Phase erfolgt ein obligatorisches und irreversibles Lernen (bei vielen Singvögeln die dann endgültige Ausformung des Gesangs; dabei können über Vorbilder Regiolekte entstehen)

3. Durch fakultatives Lernen (das Vergessen einschließt) kann ein Lautmuster erweitert werden (Lautimitation, „Komponieren").

Beim Menschen wäre der Erwerb der Muttersprache der 2., das Erlernen von Fremdsprachen der 3. Stufe zuzuordnen; ob es im musikalischen Bereich Vergleichbares gibt, scheint gegenwärtig ungeklärt (beim lauthaften Lachen wären Vorbildprägungen in sensiblen Phasen denkbar).

Ein Wellensittich, der in der Prägungsphase Elemente der menschlichen Sprache in sein Repertoire einbaut, „plaudert" später im Rhythmus der arteigenen Lautgebung, und nicht selten mit dieser durchmischt, in aus der Sprache übernommenen Sätzen. Ein Graupapagei, dem solche Lautimitationen später beigebracht werden, setzt sie nur bei Aufforderung oder in auffordernden Situationen ein, so daß auch hier die beiden Aneignungsstufen (2 und 3) offenkundig werden, natürlich auf der artspezifischen Ebene der Strukturierung akustischer Signale und ohne eine wirkliche Aneignung der menschlichen Sprache im kommunikativen Kontext.

Für die Evolution der Musik sowie der Sprache kann der Biologe allein keine tragfähigen Hypothesen entwickeln, da der gesellschaftliche Anteil hierbei essentiell ist. Die biologischen Schallereignisse, die wir von den höheren Wirbeltieren kennen, enthalten jedoch Elemente und Parameter, die auf beide Richtungen der speziellen Entwicklung hinweisen. Die Sprache von der tierischen Lautgebung ableiten zu wollen, ist bereits im Ansatz falsch. Man kann aber untersuchen, was die bioakustischen Phänomene zur Evolution des Sprechens beigetragen haben. Trojan (Zusammenfassung 1975) spricht in diesem Zusammenhang von „Biophonetik“; Begriffe wie „Akzent“ und „Melos“ sind hier relevant. Emotionale Zustände können Frequenz und Intensitätsverläufe des menschlichen Sprechens verändern. Das, was wir in der Unterhaltung zwischen zwei Personen in einer uns vollständig unbekannten Sprache (und ohne Sichtkontrolle) noch verstehen, liegt auf der Ebene der Bioakustik; aber auch hier wird deutlich, wie wesentlich der visuelle Kanal ist, denn Kommunikation unter diesen Bedingungen wird stets in hohem Maße durch „Zeichensprache“ unterstützt, sie kann weit mehr übertragen als nicht-sprachliche Laute allein es vermögen. Sprachmelos kann aber auch in jenem Verhaltensbereich wirken, der über emotionale Prozesse und ohne rationalen Zugriff Affinitäten determiniert. Der Mensch hat im Gegensatz zu den nächstverwandten Primaten einen sehr ausgeprägten sexualspezifischen Stimmbruch. Daher hat die Grundfrequenz erheblichen Anteil an der Bestimmung des Geschlechts des Kommunikationspartners. Das interferiert mit einem bei Säugetieren weit verbreiteten Phänomen, daß subdominante Individuen sich akustisch durch hohe, dominante dagegen durch tiefe Frequenzen kennzeichnen. Zugleich ist in bestimmten Grenzen die allgemeine Tonhöhe der Stimme mit der Körpergröße negativ korreliert. Da bei Primaten die männlichen Individuen meist deutlich größer als die weiblichen sind, könnte es auch einen interessanten Selektions-Aspekt geben: Positive Bewertung (durch Weibchen) der tiefen Stimmen (Dominanz) fördert gerichtete Auslese. Hier sind noch viele Fragen offen. Wir hatten bereits auf Möglichkeiten und Grenzen der akustischen Homologieforschung hingewiesen; sie erfaßt in jedem Falle nicht das Wesen der Sprache selbst, sondern bestimmte homologisierbare akustische Phänomene bei der Lautbildung, vielleicht auch bei der Entstehung von Sequenzen und ihrer Strukturierung. Es könnte Zusammenhänge zwischen individuellem Kaurhythmus (Mastikation) und individuellem Sprechtempo geben, auch zwischen diesem und anderen biologischen Rhythmen (Atmung, Herzfrequenz, Bewegungsrhythmik).

Musikalische Phänomene und bioakustische Vorgänge stimmen darin überein, daß in beiden Fällen das Schallereignis selbst der unerläßliche Funktionsträger ist. Die Hypothese ist daher zulässig, hier im bioakustischen Bereich mehr Quellpunkte für die Genese der Musik zu suchen als für die Sprache. Dennoch ist Musik mehr als nur eine weiter entwickelte Bioakustik, sie muß vor allem im Kontext der Sprach- und Gesellschaftsentwicklung des Menschen gesehen werden (vgl. Knepler 1977).

Biogene Schallereignisse sind ein vielfältig strukturierter Bestandteil der organismischen Umweltbeziehungen. Im Kontext Organismus-Umwelt haben sie eine Bedeutung, die durch die Mannigfaltigkeit, in der sie uns heute entgegentreten, ihre hohe evolutive Valenz ausweisen. Der Mensch hat in seiner Eigenentwicklung diese Vielfalt fast unbegrenzt erweitert, wobei die „mündliche“ Tradition ein entscheidendes Element der „Sekundär-Evolution“ wurde, und die schriftliche Tradierung einen qualitativen Umschlag zur Folge hatte. Jede künftige Forschung, die das Problem Organismus—Umwelt komplex angehen will, wird daher den akustischen Phänomenen besondere Aufmerksamkeit widmen müssen, und nicht nur unter dem Aspekt einer Musiktherapie und Musikpsychologie, sowie der Biophonetik. Es wird dabei auch erforderlich, mehr als heute über die biologische Basis zu wissen.

Literatur

ABERCROMBIE, D.: Elements of General Phonetics, Edinburgh University Press 1967.

ABERCROMBIE, D.: Paralanguage. Br. J. div. Comm. 3: 55—59 1968.

BALDWIN, J. D., und J. I.: Vocalization of Howler Monkeys (*Alouatta palliata*) in Southwestern Panama. Folia Primat. 26: 81—108, 1976.

FOSSEY, D.: Vocalizations of the mountain gorilla (*Gorilla gorilla beringei*) Anim. Behav. 20: 36—53, 1972.

HARRER, G. (Edit.): Grundlagen der Musiktherapie und Musikpsychologie. VEB Gustav Fischer Verlag, Jena 1975.

HEYDECKE, R.: Vergleichende Untersuchung zur Lautgebung der Caniden. Dipl.-Arb., Humboldt-Univ. Berlin 1958.

HOOFF, J. A. VAN: A structural analysis of the social behaviour of semi-captive group of chimpanzess. Diss. Utrecht 1971.

KAWAI, M.: Protocultural behavior of the japanese monkey. In: G. KURTH, I. EIBL-EIBESFELDT: Hominisation und Verhalten. Gustav Fischer Verlag Stuttgart 1975.

KEIDEL, W. D. (Edit.): Physiologie des Gehörs. Georg Thieme Verlag Stuttgart 1975.

KLOTZ, M.: Zum Problem der bidirektionalen akustischen Kommunikation bei der Gattung Macaca. Z. Psychol. 180/81: 283—310, 1973.

KNEPLER, G.: Geschichte als Weg zum Musikverständnis. Reclam Leipzig 1977.

KROODSMA, D. E.: Reproductive development in a female songbird: Differential stimulation by quality of male song. Science 192: 574—575, 1976.

LAVER, J. D. M.: Voice quality and indexical information. Brit. J. Disorders Communic. 3: 43—54, 1968.

LYONS, J.: Human language. In: R. A. HINDE (Edit): Non-verbal communication. Cambridge Univ. Press 1972.

MARLER, P.: Social organization, communication and graded signals: the chimpanzee and the gorilla. In: P. BATESON and R. A. HINDE (Edit.): Growing points in ethology. Cambridge Univ. Press 1976.

MEISSNER, K.: Homologieforschung in der Ethologie. VEB Gustav Fischer Verlag Jena 1976.

OEHLER, J.: Informationstheoretische Analyse akustischer Kommunikation bei Vögeln. N. Acta Leopold. 208 (37/2): 241—247, 1973.

SCHRÖPEL, M.: Aspekte zu Prinzipien der Erkennung akustischer arteigener Zeichen. Wiss. Z. Humb. Univ. Berlin, Math.-Nat. R. 21: 375—384, 1972.

STOPA, R.: in SCHARF, J. (Edit.): Evolution. Nova Acta Leopold. N.F. 42, 1975.

TEMBROCK, G.: Struktur- und Homologie-Probleme bei Lauten höherer Wirbeltiere. In: Forschen und Wirken, Festschr. zur 150 Jahr-Feier der Humb. Univ. Berlin, Bd. 2: 320—352, 1960.

TEMBROCK, G.: Untersuchungen zur supraindividuellen Lautgebung. Forma et functio 6: 69—92, 1973.

TEMBROCK, G.: Sound production of *Hylobates* and *Symphalangus*. In: RUMBAUGH (Edit): Gibbon and Siamang. Basel, Bd. 4: 157—175, 1974.

TEMBROCK, G.: Phonetische Eigenschaften von Primatenlauten im Evolutions-Aspekt. Nova Acta Leop. N. F. 42 (Nr. 218): 343—353, 1975.

TEMBROCK, G.: Tierstimmenforschung. Ziemsen, Wittenberg-Lutherstadt 1977.

TRETZEL, E.: Imitation und Variation von Schäferpfiffen durch Haubenlerchen (*Galerida c. cristata* L.). Z. Tierpsychol. 22: 784—809, 1965.

TROJAN, F. (G. TEMBROCK, H. SCHENDL): Biophonetik. Bibliogr. Institut, Mannheim, Wien, Zürich 1975.

FSC
www.fsc.org
MIX
Papier | Fördert
gute Waldnutzung
FSC® C083411

Zeitfracht Medien GmbH
Ferdinand-Jühlke-Straße 7
99095 Erfurt, Deutschland
produktsicherheit@kolibri360.de